ne pas roguer

TRAITÉ

DES PROPRIÉTÉS ET USAGES

DU SPALME,

Pour les Bâtimens tant de Mer que de Terre ;

AVEC

UN MÉMOIRE INSTRUCTIF

Sur la manière de s'en servir.

ET

Un Tarif Général pour les diférens Ouvrages du Spalme.

V. ⟨—⟩.

29299

TRAITÉ

DES PROPRIÉTÉS ET USAGES

DU SPALME,

Pour les Bâtimens tant de Mer que de Terre ;

AVEC

UN MÉMOIRE INSTRUCTIF

Sur la maniére de s'en servir.

Définition & division du sujet de cet Ouvrage.

LE mot de *Spalme* est un nom dérivé du verbe *espalmer*, terme de Marine, qui marque l'action de caréner ou d'enduire le dessous d'un vaisseau avec du suif, c'est-à-dire, les dehors de sa partie inférieure, depuis la quille jusqu'à la ligne de l'eau, pour le faire voguer avec plus de facilité.

Ce terme *espalmer*, pour lequel on doit dire aujourdui *spalmer*, a été formé par coruption sur celui de *spaltum*, abrégé d'*esphaltum*, qui est un bitume qui vient du lac de

A ij

Sodome en Judée, & dont on enduiſoit autrefois les vaiſſeaux. C'eſt ce qui a fait doner le nom de *Spalme* à un
coûroi-maſtic ncoruptible, inventé de nos jours pour
carèner les vaiſſeaux.

Ce ſont les propriétés & uſages admirables de ce nouveau coûroi, qui font la première partie de ce petit Traité;
à laquèle on joindra, pour ſeconde partie, un Mémoire
inſtructif ſur la manière de l'emploïer avec ſuccès dans ſes
diférens uſages.

PRÉMIÉRE PARTIE.

Des propriétés & uſages du Spalme.

POur expoſer avec quelque clarté le ſujet qu'on ſe pro-
poſe de traiter dans cète prémiére partie, on le divi-
ſera en deux articles. Dans le prémier, on raportera les
principales propriétés du Spalme, qui ont été ateſtées par
pluſieurs Actes autentiques; & dans le ſecond, on entrera
dans le détail des principaux uſages, auſquels ce maſtic
peut être emploïé utilement.

ARTICLE PRÉMIER.

Des propriétés du Spalme, ateſtées par pluſieurs Actes autentiques.

DE tous les maſtics, dont on s'eſt ſervi juſqu'à préſent,
il n'y en a aucun qui ſoit comparable au Spalme,
pour garantir & conſerver les bois de la poûriture & de la
piqûre des vers, ſoit qu'ils trempent dans l'eau, ou qu'ils
ſoient expoſés aux intempéries de l'air & des ſaiſons; come
auſſi pour joindre les pierres, les marbres, &c. par la ver-
tu qu'il a de pénètrer les corps les plus durs & les plus compactes, & de s'y incorporer.

Ce Spalme, dont on avoit en vain cherché la compoſition pendant pluſieurs ſiècles, a été enfin trouvé par les

réfléchies du Sieur Maille, qui a emploié plusieurs anées à en faire des épreuves. Il l'a porté à un tel
point de perfection, que Sa Majesté, pour récompenser
ses soins & ses travaux, lui a acordé un Privilége exclusif pour le faire, vendre & débiter par tout le Roiaume
pendant 20 anées : & pour accélérer l'exécution d'un objet
si avantageux à l'Etat, il a fait cession de son Privilége à
une Compagnie, qui s'est chargée d'en établir une Manufacture, où les Associés n'épargnent ni soins ni dépenses
pour mètre promtement le Public en état de jouir d'une si
utile découverte.

Pour se convaincre des propriétés du Spalme, il ne faut
que jeter les ieux sur plusieurs Certificats & Procès verbaux des Expériences qui en ont été faites, dont voici la
substance.

Par le Certificat de Messieurs de l'Académie Roiale des
Siences du 22 Juillet 1724, il est porté : Que » Messieurs
» de Jussieu & Geoffroy le cadet, només pour examiner le
» Spalme proposé par le Sieur Maille, còme moins com-
» bustible que celui qu'on emploie pour les vaisseaux, &
» propre à exemter les bois en mer & exposés à l'air, des
» inconvéniens de l'humidité, de la pourriture, & de la pi-
» qûre des vers ; aiant fait leur raport sur la composition &
» les expériences qu'ils lui en ont vû faire : la Compagnie a
» jugé que, quoiqu'il ne soit pas incombustible, còme il
» s'aplique fort bien sùr les corps les plus durs, même sur
» le verre, & qu'il se séche assés vìte & s'écaille dificile-
» ment ; on peut s'en servir pour garantir les bois de char-
» pente exposés à l'air, ou qui trempent dans l'eau : &
» qu'à l'égard de la piqûre des vers, il n'y a que l'expérien-
» ce de la navigation qui puisse assurer, qu'il est préférable
» au goudron ordinaire. Signé, de Fontenelle, Sécrétaire
perpétuel de l'Académie Roiale des Siences.

Par le Procès verbal des Oficiers de la Marine & de Port
au Havre-de-Grace du 26 Avril 1725, il est porté : » Qu'en
» exécution des ordres de M. de Maurepas, Ministre, &
» Sécrétaire d'Etat, adressés à Messieurs de Rancé & Silly,
» Comandant & Ordonateur de la Marine audit port du
» Havre, à l'éfet d'être présens à l'épreuve d'une composi-
» tion de mastic inventée par le Sieur Maille, propre pour
» les carènes des Batimens de mer, lesdits Oficiers se se-
» roient transportés dans le grand hangard du bassin de ce
» port, où ledit Sieur Maille auroit établi la chaudière

» pour la compofition de fon coûroi, lequel après avoir
» refté fur le feu à cuire l'efpace de 3 heures fans difconti-
» nuation, on en auroit fait l'effai fur l'étendue d'environ
» trois piés d'un côté au milieu du gouvernail, & quatre
» piés joignant l'eftambot d'un Navire Marchand nomé le
» Bon-cœur, Capitaine Papillon, prêt à partir pour lés
» Iles de l'Amérique, afin de pouvoir juger à fon retour de
» la bone ou mauvaife qualité de ce coûroi, & la diférence
» qui fe trouvera d'avec celui dont on fe fert ordinaire-
» ment, qui a été apliqué de l'autre côté du gouvernail.
» Lefdits Oficiers ont obfervé que ce nouveau coûroi s'é-
» tend avec la même facilité que le coûroi ordinaire ; &
» qu'outre qu'il a plus de corps & qu'il durcit davantage ,
» c'eft qu'il s'atache encore plus fur le fer que le coûroi or-
» dinaire : en forte que s'il garantit de la piqûre des vers,
» come le Sieur Maille l'avance, on poûroit dans la fuite
» en tirer un bon fervice : *Signé*, de Rancé, Silly, Perrier,
» le Chevalier de Sainte-Marie, Beauregard, de Villiers,
» de Montamant, le Baron d'Afly, Defcoullon, Pomet,
» Poirier, G. Papillon & L. Tafly.

Par autre Procès verbal des mêmes Oficiers de la Marine & de Port au Havre-de-Grace du 29 Mai 1726. il eft
porté : *Que* » le Navire le Bon-cœur comandé par le Sieur
» Papillon étant revenu des Iles de l'Amérique, après dix
» mois de campagne ; & fon gouvernail qui, lorfqu'il étoit
» prêt à partir de ce port pour lefdites Iles l'anée précéden-
» te, avoit été enduit fur l'un de fes côtés d'un maftic ou
» coûroi, inventé par le Sieur Maille, aïant été mis à terre
» à la cale près le Magafin général, lefdits Oficiers s'y fe-
» roient tranfportés *Qu'*en préfence de M. de Benneville,
» Comandant la Marine en ce dit port, aïant examiné
» l'éfet que ce coûroi avoit produit pendant le voïage, ils
» l'auroient trouvé ataché au gouvernail à peu près de mê-
» me qu'il y avoit été apliqué : *Qu'*aïant été chaufé à l'in-
» ftant, ils auroient obfervé qu'il ne s'enflame point, &
» qu'il coule fans fe confomer & fans même défemparer
» le bois, au lieu que le coûroi ordinaire fe brûle & fe con-
» fome entiérement : *Qu'*aïant enfuite détaché une plan-
» che du doublage de ce gouvernail, & dolée du côté où
» le maftic avoit été apliqué, on auroit remarqué le bois
» fain & fec, & nulement piqué d'aucun ver : *Que* tout de
» fuite le gouvernail tourné du côté, où le coûroi ordinai-
» re avoir été apliqué, lefdits Oficiers l'auroient rouvé

en plusieurs endroits de son doublage : ce qui les a fait juger que le nouveau mastic peut garantir de la piqûre des vers, & être d'un bon service pour les carènes des vaisseaux destinés pour les voiages de long cours. *Signé*, de Benneville, Silly, de Rancé, Beauregard, de Villiers, de Montamant, de Villers, Baron d'Affy, Descoullon, Dumoulinet, Bayard, Duquesnel, Beaumont, Lenormand, Pomet, Poiriet, Papillon & Taffy.

Par le Certificat des Capitaine & Oficiers du Navire le Saint Jean-Baptiste du Hâvre, du 29 Mars 1730. il est certifié : » Qu'au mois de Février 1728. lesdits Oficiers » aiant porté dans ce Navire à l'Ile à Vache, côte de Saint » Domingue, une Barque en bote d'environ 50 bariques, » ils l'auroient fait monter par leurs Charpentiers, à leur » arivée audit lieu le mois de Mai suivant, & coûroier en » même tems sur le chantier, du Spalme de la composition » du Sieur Maille ; que depuis ledit mois de Mai 1728. » cête Barque a servi, à l'Ile à Vache, tant au chargement » dudit Navire le S. Jean-Baptiste, durant le séjour qu'il a fait » à ladite Ile dans deux voiages faits en 1728 & 1729. qu'à » celui du Navire des Deux-amis, & à d'autres usages » sans intéruption, & sans que cête Barque ait été aucu- » nement ataquée du ver, qui a coutume de piquer les Ba- » timens qui sont audit lieu : ce que lesdits Oficiers jugent » provenir de la bone qualité dudit Spalme, qu'ils esti- » ment très-utile aux Bâtimens qui vont aux Iles de l'A- » mérique, lesquels seroient exemts du doublage qu'on est » obligé de mètre aux vaisseaux destinés pour ces voiages. » *Signé*, A. le Maître, Parily, Bachelet.

Par le Procès verbal des prémier Architecte du Roi, & Contrôleur Général des Bâtimens de Sa Majesté, du 25 Avril 1738. il est porté : » Qu'en conséquence des ordres » de S. E. M. le Cardinal de Fleuri, ils se sont transportés » aux jardins de Versailles pour visiter les deux petites » napes de Latone, & sur les combles de la Chapèle du » Roi pour en examiner les dales, afin de conoître l'é- » fet qu'auroit produit le Spalme de la composition du » Sieur Maille, qu'il y auroit fait emploier en 1734. pour » grancher & joindre les pierres & marbres qui les compo- » sent : Qu'ils ont reconu, qu'après les suites réitérées de » toutes les intempéries des saisons, qui n'y ont porté au- » cune altération, cête composition de Spalme a de bones

A iiij

» qualités ; qu'ils l'ont trouvé dans un état par-
» dité, extrémement dur, fesant corps & intime...
» avec les pierres, marbres & crampons d'airain qui...
» jétissent lesdites matiéres, sans avoir été du tout altéré
» ni ateint d'aucunes des intempéries : Qu'ils jugent de-là
» que cète découverte du Spalme est très-utile au bien du
» service, pour la parfaite solidité & la conservation de
» toutes sortes d'édifices : *Signé*, Gabriel, Gabriel.

C'est en considération de ces diférentes propriétés du
Spalme, atestées par des Actes aussi autentiques, & consta-
tées par des Expériences réitérées, que le Roi *voulant favori-*
ser le succès de l'entreprise du Sieur Jean Maille, dans la fabrication, vente & débit de ce mastic, lui a acordé des Lètres Patentes en date du 14 Juin 1750. » portant Privilé-
» ge exclusif pour fabriquer, vendre & débiter ledit Spal-
» me par tout le Roiaume pendant l'espace de 20 anées
» consécutives, à comter du jour de l'enregîtrement d'i-
» cèles, aux exemtions, droits & franchises que Sa Ma-
» jesté a coutume d'acorder à ceux qui font de nouvéles
» découvertes utiles à l'Etat ; & entr'autres, que le Spal-
» me qu'il envêra dans les diverses Provinces du Roiau-
» me, même chés l'Etranger, sera & demeurera exemt
» de tous droits de sortie des Cinq Grosses Fermes ; & qu'il
» poûra tenir des Magasins d'icelui dans toutes les villes,
» bourgs & lieux convenables pour en faire la vente ;
» avec très-expresses inhibitions & défenses à toutes per-
» sones de quelque qualité & condition qu'elles soient, &
» sous quelque prétexte que ce puisse être, de faire fabri-
» quer, vendre ni débiter ledit Spalme dans toute l'éten-
» due du Roiaume sans sa permission, ni de l'imiter ou
» contrefaire, à peine de confiscation, & des matiéres,
» outils & ustenciles servant à sa fabrication, & de 6000
» liv. d'amende contre chacun des contrevenans.

Mais pour obtenir au Parlement l'enregîtrement de ces
Lètres Patentes, il a falu encore, sur le requisitoire de M.
le Procureur Général, soliciter de nouveaux avis de l'A-
cadémie Roiale des Siences, & de cèle d'Architecture ; &
voici les jugemens que ces deux célèbres Compagnies ont
portés sur les qualités & propriétés du Spalme.

Dans l'Extrait des Regitres de l'Académie Roïale des
Siences du 3 Avril 1751. il est dit : » *Que* par les expérien-
» ces, qui ont été faites au mois de Juillet 1724. en pré-
» sence des Comissaires de l'Académie, du Spalme compo-

» fé par le Sieur Maille ; par cèles que M. Hellot , l'un des
» Membres de ladite Académie , a raportées dans son Pro-
» cès verbal remis au Conseil le 13 Février 1749. contenant
» en détail la composition & préparation de ce Spalme ;
» par le Certificat de Messieurs les Oficiers de la Marine du
» Roi au Havre-de Grace , en date du 29 Mai 1726. par ce-
» lui de Messieurs Gabriel, l'un prémier Architecte du Roi,
» l'autre Contrôleur Général de ses Bâtimens : il paroît que
» ce Spalme s'aplique très-bien sur les corps les plus durs ,
» même sur le verre ; qu'il ne s'est point refendu ni écaillé
» sur le gouvernail du Navire le Bon cœur , qu'on en
» avoit enduit , & qui a fait le voïage des Iles de l'Amé-
» rique ; qu'il a été emploïé avec succès à Versailles aux
» deux petites Napes de Latone , & à la Chapèle du Roi ,
» pour étancher & joindre les dales de pierre des combles :
» Qu'ainsi u égard à la réussite de ces épreuves , l'Acadé-
» mie ne croit pas qu'il y ait d'inconvénient à enregitrer les
» Lètres Patentes du 14 Juin 1750. Signé , Geoffroy &
» Hellot , & Grand Jean de Fouchy Sècrétaire perpétuel
» de l'Académie Roïale des Siences.

Par l'Extrait des Regîtres de l'Académie Roïale d'Architecture du 3 Mai 1751. il est porté : » Que Messieurs
» Mansart , Loriot , Aubry & Godot Architectes du Roi ,
» només Comissaires de l'Académie pour l'examen du
» Spalme du Sieur Maille, ont trouvé celui qu'il leur a pré-
» senté , apliqué sur des planches & sur des cailloux , très-
» dur & intimement joint ausdites planches & cailloux ;
» que s'étant transportés à Versailles le 30 Avril dernier ,
» aiant visité le Bassin de Latone , ils ont trouvé dudit Spal-
» me emploïé dans les joints montans & traversans des
» marbres qui en font la construction , & ces joints bien
» faits au moïen dudit Spalme , fesant bone liaison avec
» les marbres ausquels il a été apliqué en 1734. & ont jugé
» ce Spalme encore plus dur , que celui qui leur avoit été
» présenté précédemment par le Sieur Maille , & qui étoit
» nouvèlement fait , ce qui les a confirmés dans l'opinion
» qu'ils avoient prise de la bonté de ce mastic : Que pour
» parvenir à conoître sa bonté & sa ténacité , ils en ont
» fait aracher avec des ciseaux recourbés & à force de
» coaps de maillet , & ont trouvé les morceaux arachés
» pleins & bien gripés par tout ; que s'étant transportés sur
» les voûtes de la Chapèle du Roi , ils y ont trouvé dudit
» Spalme emploïé sur de la pierre & de la brique en difé-

» rens joints montans & traverfans ; ainfi que dans les trois
» travées du chevet de l'Eglife, dans le fond & le revers
» des gargouilles & goutiéres, où ce maftic eft emploïé en
» trois piés de longueur fur un pié de haut à la place de da-
» les & de plomb; & que dans tous ces endroits, où il eft ex-
» pofé à la plus grande force de l'eau, il fe trouve en bon
» état come s'il venoit d'être emploïé, & de meilleure ef-
» péce & qualité que ceux qui font venus à leur conoiffan-
» ce jufqu'à ce jour; & qu'enfin aïant fait fondre dudit
» Spalme, l'aïant bien délaié & remué, & en aïant apli-
» qué fur des pierres & bois fans les avoir précédenment
» chaufés, ils ont trouvé qu'il avoit bien pris fur l'un &
» fur l'autre, & qu'il avoit parfaitement rejoint les deux
» morceaux d'une pierre qu'ils avoient fait caffer; que quoi-
» que cète épreuve leur ait bien réuffi, ils font néanmoins
» perfuadés que le Spalme emploïé fur des bois & pierres
» précédenment chaufés, ainfi que l'Auteur l'explique,
» joindra avec encore plus de folidité les parties aufquèles
» il fera apliqué. Signé CAMUS, Sècrétaire perpétuel de
» l'Académie.

Enfin après le raport de ces deux derniers avis, qui con-
tiénent le précis de tous les Certificats & Procès verbaux
précédens, & qui prouvent les propriétés du Spalme d'u-
ne maniére indubitable, les Lèttres Patentes fufdites ont
été enregîtrées au Parlement de Paris le 8 Mai 1751.» Oui
» ce confentant le Procureur Général du Roi, pour jouir
» par l'Impétrant, fes hoirs, aïant caufe & fucceffeurs
» en ladite entreprife, du conteau en icèles, & être exé-
» cutées felon leur forme & teneur.

Par tous ces Actes il eft donc reconu, que le Spalme n'eft
fufceptible d'aucun mauvais éfet des intempéries des Sai-
fons, qu'il ne peut être pénétré par l'air ni par l'eau, &
qu'il n'eft point fujet à poiffer ni à s'écailler come font tous
les Coûrois, Goudrons & Maftics, dont on s'eft fervi
jufqu'à préfent; parce qu'il a la propriété de s'incorporer
avec les matériaux les plus durs, come les pierres, le marbre, &c. même avec les corps les plus compactes, tels que
le fer, l'airain & le verre, aufquels il s'unit intimement en
s'infinuant jufques dans les moindres interftices; & qu'il
durcit & devient de plus en plus folide par le tems, fans
qu'aucune caufe le puiffe faire défemparer les corps où il a
été apliqué. Enforte qu'il eft incomparable pour la jonction
parfaite des ouvrages de toutes fortes de matiére.

ARTICLE II.

Des diférens usages du Spalme.

PAr les Actes qu'on a raportés dans l'Article précédent, il est justifié, d'après une épreuve de 17 anées sur les bassins & bâtimens du Château de Versailles, que le Spalme est le meilleur mastic qu'on puisse emploier, soit pour étancher & joindre des pierres & des marbres, ou pour quelqu'autre usage que ce soit.

Ainsi on l'emploiera très-utilement à cimenter les pierres, dont sont composés les bassins, citernes, réservoirs, leurs contours, plate-formes & tabletes, & les conduites d'eaux; & à souder les pierres de terasses & des voûtes qui sont à découvert (1), de même que les degrés de pierre & de marbre, & à toute autre sorte d'ouvrages, qui sont exposés à être endomagés, minés & enfin détruits par l'humidité, la pluie & le séjour de l'eau.

Il sera aussi fort propre à sceler les pavés ou les pierres des rigoles des alées, pour empêcher que les eaux qui y coulent, ne pénétrent dans les voûtes des caves & dans les murs, & n'endomagent les fondemens des maisons; & à souder les pierres qui forment les bassins des latrines & leurs tuïaux, pour garantir des mauvaises odeurs qui s'en exhalent.

On s'en servira encore à cimenter dans le contour de trois piés près des murs, les pavés & dales de la chute des toits, des Châteaux, Hôtels, & Maisons considérables; & enfin aux Aires des échaudoirs des Boucheries, & à cèles des lavétes & des Cuisines, qui sont les unes & les autres sujetes à de grands & fréquens épanchemans d'eaux.

Suivant la réussite des expériences réitérées, dont on a raporté ci-dessus les Certificats, il est pareillement constaté que ce nouveau Coûroi est admirable pour préserver les bois de toute pourriture & de la piqûre des vers, soit

(1) M. le Comte d'Argenson, Ministre de la Guerre, en a fait emploier au mois de Juillet 1752. à une terasse de sa Maison de Neulli; & M. de la Chabrerie à Mont-rouge.

qu'ils se trouvent exposés aux intempéries de l'air, ou qu'ils trempent dans l'eau.

Il suit de-là necessairement, que le Païs d'Aunis ne vêroit plus ses Bouchots à moules ravagés par les vers, si avant que d'enfoncer dans la vase les pieux qui les forment, on les enduisoit de Spalme, ainsi que les perches dont on les entrelace ; & que les Propriétaires de ces Bouchots auroient la satisfaction de voir le revenu qu'ils en tirent augmenté considérablement, au lieu qu'il est absorbé par les grandes réparations que causent ces dangereux ènemis, ou par l'abandonement qu'ils en font d'une partie.

Il procure aussi un avantage considérable, lorsqu'on en enduit les digues, pilotis, ponts de bois, moulins, barbantancs, fosses de Taneurs, goutières de bois, faîtières & couvertures des toits, hangars, & généralement tous les autres gros ouvrages qui sont exposés à l'air, ou qui sont dans l'eau ou dans la terre.

Il n'y a persone qui ne sache, pour peu qu'il ait fait d'atention aux ouvrages qui se font journèlement, combien de dépense entraîne l'usage du plomb & des soudûres qu'on emploie aux tuïaux des fontaines & aux maisons, par les fréquentes réparations que le poids & la qualité de ces matières ocasionent, sans parler des autres incomodités qu'elles causent.

Or on évitera ces dépenses & ces inconvéniens : prémiérement à l'égard des fontaines, si l'on se sert du Spalme pour souder les tuïaux, soit qu'ils soient de plomb, de fer, de terre à potier ou de bois ; car on a reconu par expérience, que ce mastic est éfectivement d'une plus grande solidité que la plus parfaite soudûre, soit que l'on s'en serve pour les tuïaux soutêrains, ou pour quelqu'autre ouvrage que ce soit.

Secondement à l'égard des maisons, on observera que le sapin aiant plus d'analogie avec le Spalme par sa qualité résineuse & poreuse, & que d'ailleurs ce bois est celui qui coûte le moins (1) ; on en peut enduire très-utilement les planches, même les plus minces, pour faire des goutières, des faîtières, & autres parties exposées aux injures de l'air ; avec la précaution néanmoins qu'elles soient parfaitement séches tant à l'extérieur qu'au centre, & qu'on les chaufs

(1) On peut cependant, au défaut du sapin, se servir de quelqu'autre bois que ce soit.

en la superficie, autant que faire se poûra, lors qu'on est
sur le point de les spalmer. Par un tel expédient ces parties
de l'édifice, ne seront jamais sujètes à aucune réparation;
& même on aura la satisfaction de voir, après les 15 pre-
miers jours, que la couleur de cet enduit aproche mieux
de cèle de l'ardoise que le plomb.

Le Spalme est encore le meilleur mastic dont on puisse
se servir pour les cuvètes des tourniquets des Orfévres &
des Monoies, qui dans leur travail sont remplies d'eau &
chargées de vif argent, toujours prêt à s'échaper par les
moindres issues, qui se trouveront alors exactement bou-
chées de toutes parts & pour long tems.

Tous les avantages détaillés ci dessus, & que l'on doit
retirer de l'usage du Spalme, sont sans contredit très-con-
sidérables, & méritent l'atention du Public. Mais sa grande prérogative concerne plus particulièrement les Navires, Barques & tous Batimens de mer, ausquels il sert de
Coûroi pour les Carènes, & qu'il préserve de la piqûre
des vers, dans quelque Mer qu'ils aillent, suivant les Certificats ci dessus.

Pour cet éfet on conseilleroit de doubler de sapin les
Navires, quoique neufs, lorsqu'ils sont destinés pour les
voïages de long cours. La première raison de cète pré-
férence qu'on done au sapin sur tous les autres bois,
c'est parce qu'étant résineux de sa nature, & fort poreux,
come on l'a déja observé, cète afinité avec le Spalme fait
que ce Coûroi s'y insinüe plus profondément, & s'y incorpore mieux. La seconde raison, c'est que le plus souvent les francs bords n'étant pas d'un bois parfaitement
sec au centre, soit pour être trop nouvèlement coupé, soit
pour avoir été trop long-tems dans l'eau ou exposé aux intempéries de l'air, le Spalme qui est d'une nature sèche &
pénétrante, atirant à soi l'humide, lorsqu'on l'aplique
bouillant, n'y peut former une unité de corps aussi identi-
que qu'avec le sapin.

Si l'on considère que de tous les Coûrois, dont on s'est
toujours servi dans la Marine, il n'y en a aucun qui soit
d'une durée tant soit peu considérable, puisqu'il faut ren-
duire les Navires en entier, après chaque voïage de huit
à dix mois, & que malgré la dépense des fréquens ra-
doubs que l'on est obligé de faire, on n'a pu encore parvenir à faire subsister un Navire plus de trente ans pour
ceux qui durent le plus. Car soit qu'on se serve de l'expé-

dient de mailler les Navires, ou qu'on fasse les doublages
des francs-bords avec des plaques de cuivre ou de fer, on
n'a pu jusqu'ici les garantir de l'humidité, de la poûriture, de la piqûre des vers, ni des voies d'eau; ni par
conséquent empêcher la plupart de périr, quelquefois
dès les prémières campagnes, ou du moins que les Mar-
chandises ne soient endomagées, & ne jétent dans des avaries très-préjudiciables.

Si d'un autre côté l'on fait atention qu'un Navire, une
fois bien spalmé sur son doublage, sera non-seulement
garanti de l'humidité, de la poûriture, de la piqûre des
vers & des voies d'eau; mais aussi poûra durer beaucoup
plus avec peu de dépense pour l'entretien, sans qu'il soit
jamais besoin de le redoubler; sauf le feu, la tempête &
les écœuils, qui sont les seules causes qui puissent l'enta-
mer ou détruire.

Après ces considérations, on ne poûra s'empêcher d'ad-
mirer que, pour se procurer de si grands avantages, l'entretien ne consiste au retour de chaque voiage, soit de
l'Amérique ou des Indes, qu'à rebatre les coutures qui au-
ront pu jouer dans un gros tems, les chaufer & les enduire de Spalme, sans jamais être obligé de toucher au reste,
qui, dans les diférentes épreuves, faites depuis plus de
25 ans, s'est toujours trouvé aussi régulièrement bien enduit, les doublages aussi sains & aussi secs, que si les Navires n'etoient point sortis des Ports. Ces faits sont con-
stans; & il seroit inutile de raporter ici plusieurs Certificats particuliers, qui les atestent.

Ainsi lorsqu'on observera que chaque livre de Spalme,
bien & dûment emploïée, doit enduire une étendue de 5
à 6 piés courans sur le bois, c'est-à-dire, d'un pié de large sur 5 à 6 piés de long, il sera aisé de juger que cet entretien n'emportera, chaque campagne, que la dépense
d'environ un quintal pour le plus fort Navire.

On peut maintenant concevoir par ce qui vient d'être
exposé, combien l'usage du Spalme pour les Bâtimens de
Mer doit épargner de frais, & faire éviter d'inconvéniens fâcheux, sur-tout si l'on fait réfléxion sur les acci-
dens, qui n'arivent que trop souvent par les voies d'eau,
que causent la poûriture & la piqûre des vers : on sait
qu'alors, outre le travail des Pompes qui fatigue l'Equipage, on est trop heureux de pouvoir aborder en quelqu'endroit pour radouber. Là il faut décharger le Navire,

& durant ce retard les vivres fe confoment; cependant les gages de l'Equipage courent toujours, & avec toutes ces avaries on a encore le déplaifir de trouver la plupart des Marchandifes gâtées.

Au refte il eft bon d'obferver que come le Spalme eft extrêmement liffe & ne poiffe point, il a encore la propriété d'empêcher que rien ne s'atache au Navire, ce qui en facilite la courfe, fans qu'il foit jamais befoin de le fuiver, atendu que ce nouveau Coûroi le maintient dans l'état conftant d'une légèreté toujours égale.

Tels font les principaux avantages que l'on peut retirer de l'emploi du Spalme, qui le mètent au-deffus de tous les Coûrois & Maftics, dont on s'eft fervi jufqu'à préfent, fans parler de mile autres ufages, aufquels on le jugera propre fuivant les circonftances.

SECONDE PARTIE.

Mémoire inftruEtif fur la maniére d'emploïer le Spalme.

POur retirer de l'ufage de ce nouveau Coûroi tous les avantages que l'on vient de détailler, il eft d'une néceffité indifpenfable de fuivre exactement les Régles qu'on propofe dans ce Mémoire, come étant fondées fur les obfervations d'une longue expérience. Elles font d'autant plus faciles à pratiquer, que ce ne font prefque d'autres précautions, que cèles que l'on doit prendre à l'égard des autres Maftics & Coûrois.

Afin de garder quelque ordre dans cète inftruction, on a rangé fous quatre Chefs principaux tout ce qu'il y a d'effenciel à obferver dans l'emploi du Spalme felon fes divers ufages: 1°. A l'égard des Tuiaux de Fontaines: 2°. Par raport aux pierres, marbres & autres ouvrages de Maçonerie, 3°. Concernant les Bois en général: 4°. Enfin pour ce qui regarde en particulier les Navires & autres Bâtimens de mer.

Mais de quelque nature que foit l'ouvrage, auquel on

voudra emploïer le Spalme, on obſervera toujours de co̅-
mencer par caſſer ce Maſtic en morceaux, de le mètre dans
une marmite ou chaudiére de fer, & de l'y faire fondre à
petit feu en remuant toujours au fond avec un bâton écârî
par le bout ou en forme d'eſpatule, pour maintenir les eſ-
prits de cète compoſition toujours animés.

§. I.

Pour les Tuïaux des Fontaines.

Pour la ſoudûre des Tuïaux des Fontaines, ſoit qu'ils
ſoient de bois, terre à potier, grais, fer ou plomb, on aura ſoin de mètre les joints de ces matiéres au vif, & de
les bien nétoïer de toutes pouſſiéres & ſaliſſures avec un
balai de plumes & le vent d'un ſouflet ; d'enduire de Spalme bouillant le bout qui s'emboite, de l'entourer au même inſtant d'étoupe en filaſſe, ſur laquèle on coulera du
Spalme pour l'emboiter auſſi-tôt dans l'emboiture, qu'on
aura u ſoin de chaufer auparavant ; de bien chaufer en-
ſuite les joints, puis les regrater & nétoïer, come on a fait
avant l'emboitement ; & l'on fera promtement cète opération, pour que les matiéres n'aient pas le tems de ſe refroidir.

Le tout ainſi bien préparé, on prendra au fond de la
chaudiére le Spalme toujours bouillant avec une cuillére
de fer ; & pendant qu'on le verſera dans les joints, un ſecond ouvrier l'y apuiera de toute ſa force avec une eſpatule de fer un peu chaude pour l'aider à pénètrer, & l'on
continuera ainſi l'opération juſqu'au plein des jointures.

Quand elles ſeront refroidies, on ôtera ce qui ſera de
trop avec le ciſeau & le maillet, & l'on polira l'ouvrage
avec un fer un peu chaud fait en forme de câreau de Tailleur, que l'on fera aler & venir deſſus en apuiant vigou-
reuſement, afin de forcer en même tems le Spalme à s'incorporer mieux avec les matiéres jointes.

§. II

Pour les Pierres, Marbres, & autres ouvrages de Maçonerie.

Pour la liaiſon des pierres & marbres, on fera des pré-
parations

parations femblables. Mais come la dépenfe monteroit
trop haut, fi dans les ouvrages de Maçonerie on feroit
les jointures en entier avec du Spalme, il fufira d'en mètre à l'entrée extérieure des jointures, & voici come on le
peut faire avec économie & fuccès.

Ou conftruira à l'ordinaire, obfervant feulement de
laiffer les joints d'environ deux lignes, ou deux lignes &
demie au plus de large à l'extérieur, qui s'élargiront de
plus en plus vers l'intérieur. Quand le plâtre, mortier ou
ciment fera parfaitement fec, on dégradera les joints d'environ un pouce & demi ou deux pouces de profondeur; &
on les mètra au vif, tant aux pierres qu'aux marbres, avec
une efpéce de gratoir fait en forme de ferpète de Jardinier.

Si les pierres avoient quelque humidité aux environs des
ouvertures, il faudroit les fécher avec un Réchaut de tôle
fait en parallélipipède ou en forme de folide quarré long,
ou même en forme de demi-cilindre creufé, d'environ
deux piés de longueur plus ou moins, fuivant cèles des
joints; fur 4 à 5 pouces de largeur & autant de haut. Ce
Réchaut doit être criblé de trous par les bouts & les côtés,
pour que l'air y entretiène toujours les charbons ardens,
& avoir une lame atachée au-deffous dans toute fa longueur, aiant environ $\frac{1}{4}$ de pouce de large fur 2 lignes d'é-
paiffeur pour entrer librement dans les ouvertures, & un
manche au milieu d'un de fes côtés. Mais on prendra gar-
de, en féchant ainfi les pierres, de né les pas trop chaufer,
de peur qu'elles ne fe calcinent, & que le Spalme, qui fe
répand dans les environs des ouvertures, ne s'y atache trop.

Quand les joints feront bien fecs, on les nétoiera avec
le vent d'un fouflet, & l'on y coulera le Spalme bouillant,
come il eft dit ci-deffus. Au même inftant on paffera dans
les joints remplis de Spalme une efpatule de fer bien chaude, faite en forme de fermoir ou de cifeau de Ménuifier,
que l'on fera aler & venir à diverfes reprifes, en apuiant
fortement contre les 2 côtés du joint, pour que le Spalme
s'y atache & s'y gripe mieux: enfuite on remplira fans di-
férer l'ouverture, qu'aura faite ladite efpatule, de nouveau Spalme jufqu'au deffus du niveau des jointures, & on
le laiffera refroidir.

Après cela on enlevera les bavûres, & l'on fera ragréer
les joints par un Tailleur de pierre avec le cifeau & le maillet, entamant la pierre aux environs des joints, s'il eft né-
ceffaire, pour en enlever le Spalme qui s'y feroit atache.

B

Enfin pour doner le dernier poli à l'ouvrage, on paſſera
ſur le tout un graìs avec de l'eau, afin d'unir & aproprier
parfaitement les pierres & les jointures.

Le Spalme provenu de ce ragrès poûra encore ſervir,
ſur-tout pour un ſemblable uſage, ſi l'on prend la précaution de le bien laver, de le laiſſer ſècher, & de l'incorporer avec une plus grande quantité de nouveau.

Come il poûroit ariver qu'en dégradant les joints, on
trouvât, au de-là de deux pouces de profondeur, des vides qu'auroit laiſſé un mortier mal coulé, il faudroit les
remplir de nouveau mortier qu'on y feroit couler juſqu'à
cète hauteur, & qu'on laiſſeroit durcir & ſècher, avant
que de ſpalmer : ou bien, pour une plus promte expédi-
tion, au lieu de mortier, on fera au de là des 2 pouces une
couche d'étoupe de 4 ou 5 lignes d'épaiſſeur, qu'on y fera
entrer médiocrement torſe & de la groſſeur convenable
aux ouvertures ; on l'y entaſſera ſolidement à coups re-
doublés de maillet avec un ciſeau, qu'on tiendra deſſus,
tantôt la pinſe droite, tantôt de biais le long de l'ouverture, pour l'unir également dans les joints, puis on nétoiera le reſte de l'ouverture, & l'on y coulera le Spalme
come il eſt dit ci-deſſus.

Au moien de ces précautions, on ſera toujours aſſuré
de faire des jonctions d'une parfaite ſolidité, ſans faire
une grande conſomation de Spalme.

§. III.
Pour les Bois en général.

Pour enduire le Spalme ſur le bois, de quelque nature
que ſoit l'ouvrage, on ſe ſert de guipons, come on fait
dans les Ports de mer, ou de pinçeaux d'éponge atachés
ferme ſur des manches de bois. On ſait que les guipons les
plus ſerés & de la trame la plus fine ſont les meilleurs pour
faire un bon enduit.

On obſervera que le Spalme ſoit bouillant, quand on les
trempera dedans, & de ſuivre toujours le fil du bois, en
les tournant dans la main avec célérité & apuiant le plus
fort qu'il ſera poſſible ; & ſur-tout que l'enduit ait, dans
ſa ſuperficie, le moins d'épaiſſeur qu'on poûra. L'enduit
le plus mince, pourvu qu'il ſoit bien liſſe, ſera le plus
ſolide, & en même tems d'une moindre dépenſe, à proportion qu'il conſomera moins de Coûroi.

Mais l'eſſentiel eſt, quand on apliquera le Spalme, que

le bois tant neuf que vieux foit fain, parfaitement fec en la fuperficie & au centre, fans humidité ni faliffure. Enfin la dépenfe, auffi bien que la folidité de l'ouvrage, dépendra de l'habileté & de l'atention des Ouvriers à tenir le bois bien chaud & nétoié de toute pouffiére, & à employer le Spalme bouillant.

§. IV.

Pour les Navires & autres Bâtimens de Mer.

A l'égard des Bâtimens de Mer, on fuivra de point en point ce qui eft récomandé dans le paragrafe précédent. Voici cependant quelques remarques, aufquèles on croit qu'il eft important de faire atention, fuivant les diverfes épreuves qui ont été faites.

On doit obferver, pour la plus parfaite folidité du doublage des Navires enduits de Spalme, que les planches de ce doublage n'aient que 6 ou 8 pouces de largeur, tant à caufe des heurts aufquels il eft expofé, que du jeu qu'il peut faire dans un gros tems. On aura foin fur-tout de fpalmer les planches au fur & à mefure qu'il y aura une dévirée de faite, afin d'éviter qu'elle ne foit mouillée avant l'enduit, ce qui y feroit tort, non-obftant qu'on la chaufe auparavant.

On fera auffi fort bien, lors de la conftruction des Navires, d'enduire de Spalme le bas des varangues, le pié des mats, ceux des pompes jufqu'à 2 pouces au deffus des braies, & tous les petits fonds fujets aux égoûts de l'eau; & l'on donera la même atention aux Bateaux, ainfi qu'à tous les ouvrages de bois expofés à l'eau, d'autant que la plus petite ouverture ou la moindre fente peut doner paffage à cet élement, & ocafioner la deftruction des piéces de bois qui font le plus de conféquence.

CONCLUSION.

ON ne fauroit trop infifter fur l'obfervation qu'on a déja faite, que l'on ne doit couler & apliquer le Spalme que bouillant, & puifer toujours au fond de la chaudiére; & qu'il eft important que les matiéres fur lefquèles on l'aplique, tant pierres que bois & autres, foient parfaitement sèches, fans humidité, chaudes & bien nètes de pouffiére & de fable. Ce ne font d'ailleurs que de légéres précautions faciles à prendre.

Toutes les persones qui voudront faire usage de ce Mastic, ne sauroient aussi être trop atentives à obliger les Ouvriers d'exécuter au pié de la lètre ce qu'on vient de leur prescrire, afin qu'ils fassent un bon aprêt de l'ouvrage, & qu'ils ne fassent pas monter trop haut la dépense du Spalme, soit en le perdant par négligence, où en le prodigant par des enduits trop épais.

Au moien de l'observation exacte de toutes ces Règles, non-seulement on consomera beaucoup moins de Spalme, ce qui diminuera d'autant plus la dépense que les ouvrages seront plus considérables ; mais encore ces ouvrages en deviendront si solides, qu'ils ne seront jamais sujets à aucunes réparations.

Au reste, suposé qu'il se trouvât quelque défaut dans les enduits, où les Spalmeurs auroient laissé quelques petits vides, il est si aisé de les réparer, soit en y mettant un petit morceau de Spalme & passant dessus un fer chaud, ou en raprochant celui des environs, qu'on peut maintenant se flater de faire des ouvrages & des édifices d'une bonté parfaite pour la durée.

A force de recherches & de travail sur cet objet, qui devient si important pour le Public, la Compagnie s'est mise en état de fixer le prix du Spalme sur le pié de 50 livres le quintal pris à la Manufacture, établie à Carriéres S. Denis près Chatou, route de S. Germain en Laie, où ceux qu'en souhaiteront, poûront s'adresser, en écrivant à M. Jacquet, Directeur de ladite Manufacture, qui leur fera les envois aux lieux & par les ocasions qu'on lui indiquera.

Le Bureau de corespondance à Paris est chés M. de S. Didier Directeur, rue des Prouvaires, à côté du Magasin Général des Eaux de Passi.

F I N.

Vû l'Aprobation, permis d'imprimer à la charge d'enregistrement à la Chambre Sindicale, ce premier Septembre 1752.

BERRYER.

Regiftré sur le Livre de la Communauté des Libraires & Imprimeurs de Paris, N°. 3536. conformément aux Réglemens, & noiamment à l'Arrêt du Conseil du 10 Juillet 1745. A Paris le 12 Septembre 1752.

PAR PRIVILÉGE EXCLUSIF

DU ROI.

MANUFACTURE ROÏALE

DU SPALME.

AVIS.

LES Intéressés en la Manufacture Roïale du Spalme, aïant reconu par de nouvèles Epreuves que ce Coûroi-Mastic, dont les Propriétés sont totalement diférentes de l'Asphalte, pouvoit être encore emploïé avec beaucoup de succès sur diverses matiéres qu'ils n'ont pas désignées dans leur Traité; ont cru devoir avertir le Public que, pour son avantage & sa plus grande comodité, ils ont établi un Magasin Général à Paris, où l'on trouvera non-seulement du Spalme sur le pié de 50. livres le quintal, mais aussi des ouvriers au fait de l'apliquer sur diférentes parties des Bâtimens, lorsqu'ils seront mandés, ou qui spalmeront sur le champ au Magasin cèles de ces parties qu'on leur aportera: On y trouvera aussi toutes sortes d'ouvrages de diférente espèce spalmés & prêts à livrer, pour la satisfaction de ceux qui voudront s'épargner le soin de les faire établir eux-mêmes.

Les diférentes parties de Bâtiment, ausquèles le Spalme s'emploie utilement, sont en général tous ouvrages

A

de marbre , pierre, cailloux, câteaux de terre , briques, &c. pour leur liaison & jonction ; les Réservoirs , Plafonds & Pourtours de Bassins, ausquels dans ce cas il n'est plus besoin de Coûroi de glaise , fer , plomb ni soudûre.

Come ce Mastic garantit le fer de la rouille , & qu'il s'incorpore aisément avec la taule, on en enduit avantageusement les ouvrages qui en sont faits, tels que sont des Faîtages, Noues , Noquets , Chêneaux , Goutiéres , Tuïaux de descentes & Hotes, Tuïaux pour Chausses d'Aisance, Conduites d'eaux, Réservoirs , Caisses de Jardins , Arosoirs , &c.

La propriété qu'a le Spalme de ne point poisser , fondre au soleil ni s'écailler, & de garantir de la poûriture & de la piqûre des vers les bois qui en sont enduits , soit qu'ils soient exposés aux intempéries des saisons , ou qu'ils soient dans des terres humides ou sèches, rend ce Coûroi très-utile pour la conservation des Bârimens de Mer, Coches d'eau, Bateaux, Ponts de bois, Crèches de Ponts, Pilotis, Digues, Moulins , Barbantanes, Fosses de Taneurs , Plate-formes , Bâriéres , Lices , Poteaux, Goutiéres de bois , Auvens , Portes exposées aux injures de l'air , Tuïaux de bois pour conduites d'eaux , &c.

Ceux qui voudront du Spalme , & des ouvriers au fait de l'emploïer come il convient à des ouvrages tels que ceux ci-dessus , & à tous autres qui en sont susceptibles, ou qui desireront des ouvrages tout-faits, spalmés & prêts à poser, s'adresseront aux sieurs Giot & de Fer Entrepreneurs pour les ouvrages ausquels le Spalme est propre, au Magasin général à Paris, rue de l'Hotel de Lesdiguiéres près la Bastille , où lesdits ouvrages spalmés seront livrés & païés suivant le Tarif.

La Manufacture Roïale du Spalme est toujours établie à Carriéres S. Denis près Chatou, route de S. Germain en Laie, où il se vend , come au Magasin général à Paris, sur le pié de 50. livres le quintal poids de Marc ; & où les persones qui en voudront des Envois, poûrront aussi s'adresser , en écrivant à M. Jacquet, Directeur de ladite Manufacture , qui les leur fera tenir aux lieux & par les ocasions qui lui seront indiqués.

On en trouvera aussi à Rouen sur le même pié de 50. livres le quintal chez les sieurs ROBERT & LOUIS-DURAND frères Négocians.

On vient d'établir encore deux autres Magafins de Spal-me ; l'un au Havre de Grace chés le fieur DUPONT Négociant , & l'autre à Marseille chés le fieur ROSELEUR , où il fe vend fur le même pié de 50. livres le quintal , non-compris les frais de tranfport , Droits , &c. depuis Rouen.

TARIF GÉNÉRAL OU PRIX
de tous les ouvrages fufceptibles
de Spalme.

Ouvrages en Pierres , Marbres , Briques , &c.

POur chaque pié courant de joints de Pierres de Têraffes, Cours pavées en dales de pierre, Baffins, Réfervoirs, Auges, Balcons, Pierres d'apui, depuis 3. lignes jufqu'à 5. à 6. lignes d'ouverture fur même profondeur ou environ , fera paié pour Spalme, étoupe , charbon , main-d'euvre & ragrément, pour Paris feule-ment, la fome de dix fols ; ci . . . . o. l. 10. f.

Pour chaque pié fuperficiel de Spalme pofé en forme d'enduit fur la pierre, marbre, brique, &c. non compris le prix des joints, fera paié la fome de fix fols ; . . . 6.

OBSERVATION.

A l'égard des ouvrages de Maçonerie autres que ceux ci-deffus énoncés, come Murs de Têraffes le long des Rivières, Canaux, Foffés, Ponts, Avant & Arriére-becs, Eperons , Baftions, &c. de tèle nature qu'ils puiffent être, il fera fait un marché particulier au

A ij

pié courant ou à for-fait, suivant la qualité, nature & distance de l'ouvrage.

Ouvrages en Taules.

POur une toise courante de Faîtage, compofée de 4. feuilles de Taule, chacune de 18. pouces de long fur 12. pouces de large, qui feront comptés pour une toise à caufe des recouvremens, fpalmée des 2. côtés & livrée au Magafin, fera païe la fome de fix livres fix fols; ci   • • •   6. l. 6. f.

Pour fpalmer feulement une toise de pareil Faîtage aportée au Magafin, fera païé pour fourniture de Spalme & façon la fome de deux livres douze fols; ci   • • •   2. 12.

Pour une toise courante de pareil Faîtage pofé en place, y compris fourniture de Taule, façon, Spalme, clous, plâtre, crochets & pofe, fera païé, non-compris les racordemens, la fome de neuf livres deux fols: . 9. 2.

Pour une toife courante de Noue, compofée de 4. feuilles de Taule de même longueur & largeur que ci-deffus, fpalmée des 2. côtés, fera payé la fome de fix livres fix fols; ci   • •   6. 6.

Pour la fpalmer feulement au Magafin, la fome de deux livres douze fols; ci • 2. 12.

Pour une pareille toise courante de Noue, fpalmée & pofée en place, fera païé la fome de huit livres deux fols; ci • 8. 2.

Pour un Noquet de 18. pouces de long fur 4. pouces de large, fpalmé des 2. côtés, fera païe la fome de douze fols; çi • 12.

Pour le fpalmer feulement au Magafin, la fome de fix fols; ci • 6.

Pour un pareil Noquet fpalmé, pofé en place, fera païé la fome de trèze fols; ci • 13.

Pour une toise courante de Chêneau, composée de 6. feuilles de Taule chacune de 12. pouces de long sur 17. à 18. pouces de pourtour, spalmée des 2. côtés, sera païé la some de neuf livres neuf sols; ci . . .   9. l.   9. s.

Pour la spalmer seulement au Magasin, la some de trois livres dix-huit sols; ci . . .   3.   18.

Pour une pareille toise de Chêneau, spalmé, posé en place, fourniture, façon & pose, non-compris les racordemens & pentes, sera païé la some de douze livres cinq sols; ci . . . .   12.   5.

Pour une toise courante de Goutiére, composée de 6. feuilles de Taule, chacune de 12. pouces de long sur 17. à 18. pouces de pourtour, spalmée des 2. côtés, sera païé la some de neuf livres neuf sols; ci . . .   9.   9.

Pour la spalmer seulement au Magasin, la some de trois livres dix-huit sols; ci . . .   3.   18.

Pour une pareille toise de Goutiére, spalmée, posée en place, fourniture, façon & pose, non-compris les racordemens, sera païé la some de onze livres cinq sols; ci . . . .   11.   5.

Pour un bout de Tuïau de descente de 3. pouces de diamètre & de 18. pouces de long, spalmé dehors & dedans, sera païé la some d'une livre dix sols; ci . . .   1.   10.

Pour le spalmer seulement au Magasin, la some de douze sols; ci . . . .   12.

Pour une toise de Tuïau de descente de 3. pouces de diamètre, composée de 4. bouts de Tuïau de 18. pouces de long, qui seront comptés pour une toise, spalmé dehors & dedans, sera païé la some de six livres; ci . . . . . .   6.

Pour spalmer seulement au Magasin une pareille toise de Tuïau, sera païé la some de deux livres huit sols; ci . . .   2.   8.

Pour une pareille toise de Tuïau, spalmé, posé en place, y compris fourniture de Taule, gâches, plâtre, façon & pose; sera païé la some de huit livres huit sols; ci   8.   8.

Pour un bout de Tuïau de 4. pouces de
diamètre & de 18. pouces de long, ſpalmé
dehors & dedans, ſera païé la ſome d'une
livre douze ſols ; ci   .   .   .   1. l. 12. ſ.

Pour le ſpalmer ſeulement au Magaſin, la
ſome de douze ſols ; ci   .   .   .   12.

Pour une toiſe de Tuïau de 4. pouces de
diamètre, compoſée de 4. bouts de Tuïau
de 18. pouces de long, qui ſeront comptés
pour une toiſe, ſpalmé dehors & dedans,
ſera païé la ſome de ſix livres huit ſols ;
ci   .   .   .   .   6.   8.

Pour ſpalmer ſeulement au Magaſin une
paréille toiſe de Tuïau, ſera païé la ſome
de deux livres dix ſols ; ci   .   .   2.   10.

Pour une paréille toiſe de Tuïau, ſpalmé
& poſé en place, y compris fourniture de
Taule, gâches, plâtre, façon & poſe, ſera païé la ſome de huit livres ſeize ſols ;
ci   .   .   .   .   8.   16.

Pour un bout de Tuïau de 5. pouces de
diamètre & de 12. pouces de long, ſpalmé dehors & dedans, ſera païé la ſome d'u-
ne livre quatorze ſols ; ci   .   .   1.   14.

Pour le ſpalmer ſeulement au Magaſin,
la ſome de trèze ſols ; ci   .   .   .   13.

Pour une toiſe de Tuïau de 5. pouces de
diamètre, compoſée de 6. bouts de Tuïau,
chacun de 12. pouces de long, qui ſeront comptés pour une toiſe, ſpalmé dehors & dedans, ſera païé la ſome de dix livres quatre ſols ; ci   .   .   .   10.   4.

Pour ſpalmer ſeulement au Magaſin une
paréille toiſe de Tuïau, ſera païé la ſome
de 3. livres dix-huit ſols ; ci   .   .   3.   18.

Pour une paréille toiſe de Tuïau, ſpalmé, poſé en place, y compris fourniture
de Taule, gâches, plâtre, façon & poſe,
ſera païé la ſome de douze livres douze
ſols ; ci   .   .   .   12.   12.

Pour un bout de Tuïau de 6. pouces de
diamètre & de 12. pouces de long, ſpalmé dehors & dedans, ſera païé la ſome

d'une livre sèze sols; ci . : : 1. l. 16. 6.

Pour le spalmer seulement au Magasin, la some de quatorze sols; ci . . 14.

Pour une toise de Tuïau de 6. pouces de diamètre, composé de 6. bouts de Tuïau chacun de 12. pouces de long, qui seront comptés pour une toise, spalmé dehors & dedans, sera payé la some de dix livres sèze sols; ci . . . . . . 10. 16.

Pour spalmer seulement au Magasin une paréille toise de Tuïau, sera païé la some de quatre livres quatre sols; ci . . . 4. 4.

Pour une paréille toise de Tuïau, spalmé & posé en place, y compris fourniture de Taule, gâches, plâtre, façon & pose, sera païé la some de trèze livres quatre sols; ci . . . . 13. 4.

Pour une Hote de Tuïau de descente de 12. à 14. pouces de diamètre par haut sur 12. pouces de profondeur, avec une crapaudine ou grille & un bout de tuïau de 4. à six pouces, le tout spalmé dehors & dedans, sera païé la some de sept livres dix sols; ci . . . . 7. 10.

Pour la spalmer seulement au Magasin, la some de deux livres; ci . . . 2.

Pour une paréille Hote spalmée & posée en place, y compris fourniture de Taule, gâches, plâtre, façon & pose, sera païé la some de huit livres huit sols; ci . . . 8. 8.

Les autres Hotes de diférentes grandeurs seront paiées à proportion.

OBSERVATION.

L'on trouvera au Magasin des Taules coupées en forme d'ardoises pour Couvertures, des Arosoirs de diférentes grandeurs, des Caisses d'orangers & d'autres arbrisseaux, depuis 6. pouces jusqu'à 20. & 24. pouces, des Cuvétes, Réservoirs pour Pompes d'incendie, Lieux à l'Angloise, & autres ouvrages, dont il sera fait des prix suivant les grandeurs & proportions.

Ouvrages en Bois.

POur chaque toïse courante de Tuïau de bois d'aune ou de chêne de 2. pouces de diamètre intérieur, fans écorce, plané jufqu'au vif, & fpalmé en dehors feulement, fera païé la fome de cinq livres dix fols; ci .   5. l. 10. f.

Pour fpalmer feulement au Magafin une paréille toife de Tuïau, la fome d'une livre douze fols; ci   .   .   .   .   1.   12.

Pour une paréille toife de Tuïau de 3. pouces de diamètre, fera païé la fome de fix livres dix fols; ci .   .   .   6.   10.

Pour la fpalmer feulement au Magafin, la fome de deux livres; ci   .   .   2.

Les autres Tuïaux à proportion; & à l'égard de la pofe, il fera fait un prix fuivant la nature de l'ouvrage & la diftance.

Pour chaque toife courante de Goutiére de 9. à 12. pouces de largeur en chêne, & téles que les couvreurs les emploiènt, fans fentes ni neuds vicieux, fpalmée en dedans feulement, fera païé la fome de fix livres dix fols; ci   .   .   .   6.   10.

Pour fpalmer feulement en dedans au Magafin paréille toife de Goutiére, la fome d'une livre fèze fols; ci   .   .   1.   16.

Pour chaque toife courante de paréille Goutiére en chêne, fpalmée des 2. côtés, la fome de huit livres fix fols; ci   .   8.   6.

Pour fpalmer feulement des 2. côtés au Magafin paréille toife de Goutiére la fome de trois livres douze fols; ci   .   .   3.   12.

Pour paréille toife de Goutiére fpalmée d'un ou des 2. côtés pofée en place, fourniture, plâtre, façon & pofe, non-compris les racordemens, fera païé la fome de dix livres; ci   .   .   .   10.

Pour chaque toife courante de Goutiére

de Champagne de 8. à 9. pouces de largeur, spalmée en dedans seulement, sera paië la some de quatre livres dix sols ; ci • • 4. l. 10. s.

Pour spalmer seulement en dedans au Magasin paréille toise de Goutiére, la some d'une livre dix sols ; ci • • • 1. 10.

Pour chaque toise courante de paréille Goutiére de 8. à 9. pouces de largeur, spalmée dehors & dedans, sera paië la some de cinq livres dix sols ; ci • • 5. 10.

Pour spalmer seulement dehors & dedans au Magasin paréille toise de Goutiére, la some de trois livres ; ci • 3.

Pour paréille toise de Goutiére, spalmée d'un ou des deux côtés, posée en place ; fourniture, plâtre & façon, non-compris les racordemens, sera paië la some de sept livres dix sols ; ci • • • 7. 10.

Pour chaque pié superficiel de Spalme, posé au Magasin sur tous bois de chêne, sapin, ou autres servant à la Charpente pour Poteaux, Bâriéres, Lices, Bateaux, Pilotis, &c ; Et à la Ménuiserie pour Portes, Auvens, Bancs de Jardin, &c ; sera paië la some de six sols ; ci • • 6.

OBSERVATIONS.

L'on trouvera au Magasin, du Bardeau propre à couvrir des Bateaux, Moulins, &c ; des Caisses de Jardin de diférentes grandeurs & propres à faire des Réservoirs, sans qu'il soit besoin de fer, plomb, ni soudûre ; & d'autres ouvrages, dont il sera fait des prix suivant les grandeurs & proportions.

Le Public est averti, que tous les ouvrages qui seront constatés avoir été faits par les ouvriers du Magasin, seront garantis.

On est prié de ne faire apporter au Magasin, pour spalmer, que des ouvrages bons & bien conditionés.

ETAT d'une Partie des Ouvrages spalmés en 1752. & 1753.

A Dunkerque. . . . LA Chaloupe du Navire *Le Marchand*, Capitaine Quiheu, destinée pour S. Domingue en Amérique.

au Havre-de-Grace.

Le Navire *l'Aurore*, du port de 150. ton; Capitaine Baffet, destiné pour la côte d'Angole au Roïaume de Congo en Afrique.

Le Navire *Les trois Amis*, du port de 200. ton; Capitaine Fremont, destiné pour l'Ile-à-Vache près S. Domingue.

Le Gouvernail du Navire *La ville du Havre*, Capitaine Faucillon, destiné pour S. Domingue.

Le Gouvernail du Navire *Le Prince Noir*, Capitaine Feret, destiné pour la côte de Guinée en Afrique.

Le Gouvernail du Navire *L'heureuse Marthe*, Capitaine Mouchet, destiné pour la Martinique en Amérique.

Les Murs des portes du Bassin.

à Honfleur . . . . Le Franc-bord du Navire *Le S. André*, Capitaine Bellet, destiné pour le Banc de Terre-neuve en Amérique.

à Gagny sur Marne . . Deux Gondoles, au Château de M. de la Boissière.

à Mont-rouge . . . Deux Têrasses, chez M. de la Chabrerie.

à Neuilly . . . . L'Eperon & la Têrasse de M. le Comte d'Argenson.

à Paffi	La Têraffe d'une maifon ocupée par Madame la Comteffe de Monafterolles.

PARIS

Au Palais . . .	L'Efcalier neuf de la Cour du Mai.
au Colége de Navarre.	Faîtage , Goutiére & Formes d'ardoife en taule , & Goutiére de bois; à Boncours.
à la Bâriere de Séve . .	Un Refervoir de bois, dans le Potager de M. le Comte de Choifeul.
Au Faubourg Saint Honoré.	Une Voliére , à l'Hôtel de M. le Maréchal de Duras.
à Chârone . . .	Un Hangard , chés le fieur Duchemin.
Cul - de - fac des Blancs-Manteaux.	La Cuifine de Mrs. de Sainte Croix de la Brétonerie.
Rue de la Monoie . .	La Cour du Café de la Monoie.
Rue de Vantadour . .	La Têraffe de la Maifon de M. de Sainfy.
Rue Coquilliére . .	La Têraffe de la Maifon de M. Couet.
Rue S. Antoine . .	La Têraffe d'une Maifon ocupée par un Peintre , au coin de la vieille rue du Temple.
Rue - Neuve des Capucines.	La Cuifine d'une Maifon de Madame des Vieux.
Rue des Lions . . .	La Têraffe d'une Maifon ocupée par M. Beaufire , Architecte du Roi, Quartier de S. Paul.

On n'entrera pas dans un plus grand détail des diférens ouvrages, qui ont été fpalmés depuis un an, non plus que de ceux aufquels on travaille actuèlemént dans plufieurs Ports de l'Ocean & de la Mediteranée, & dans les Colonies Françoifes de l'Amérique.

Permis d'imprimer à la charge d'enregiftrement à la Chambre Syndicale , ce 14. Juillet 1753. BERRYER.

Regiftré fur le livre de la Communanté des Libraires & Imprimeurs de Paris , Nᵒ. 3582. conformément aux Reglemens & notamment à l'Arrêt du Confeil du 10. Juillet 1745. A Paris le 21. Juillet 1753. DIDOT , Syndic.

150